图解冷拼制作技艺

制作技艺

王炳华◎主编

餐饮行业职业技能培训教程

导　　师：朱云龙　邓泽民

技术顾问：张　勇　林选清

主　　编：王炳华

副 主 编：厉志光　严嘉鹏

编　　委：徐　佳　李小华　荣　波

耿志国　叶　强　李正旭

许鄯善　金雨亭　朱　威

朱兆威　金启辉　刘　赟

颜　慧　张好强　于亚明

叶俊杰　黄建飞

中国轻工业出版社

图书在版编目（CIP）数据

图解冷拼制作技艺 / 王炳华主编. —北京：中国
轻工业出版社，2023.8
餐饮行业职业技能培训教程
ISBN 978-7-5184-0670-8

Ⅰ.①图… Ⅱ.①王… Ⅲ.①凉菜—制作—技术培
训—教材 Ⅳ.①TS972.114

中国版本图书馆CIP数据核字（2015）第253642号

责任编辑：史祖福　　责任终审：张乃东　　整体设计：锋尚设计
策划编辑：史祖福　　责任校对：吴大朋　　责任监印：张京华

出版发行：中国轻工业出版社（北京东长安街6号，邮编：100740）

印　　刷：艺堂印刷（天津）有限公司

经　　销：各地新华书店

版　　次：2023年8月第1版第9次印刷

开　　本：889×1194　1/16　印张：6.25

字　　数：122千字

书　　号：ISBN 978-7-5184-0670-8　定价：39.00元

邮购电话：010-65241695

发行电话：010-85119835　传真：85113293

网　　址：http://www.chlip.com.cn

Email：club@chlip.com.cn

如发现图书残缺请与我社邮购联系调换

231136J4C109ZBQ

序

　　火，这个希腊神话中普罗米修斯带来的上天恩赐，在中国神州大地上带给人类的恩泽是现实的，可以说，从元谋人在一百七十万年以前用火的遗痕就揭开了人类原始饮食文明的序幕，为中国饮食文化的形成与发展奠定了坚实的基础。

　　中国烹饪文化在具有特有的定性思维模式和一种特殊的直觉敏感性的"土壤"里，经过数千年的经验积淀，呈现出多样性的同时，也体现出一种超前性，这种"超前性"有待现代科学继续发展、进步，乃至遥远的将来，才能一步一步地被世人所认识到：烹饪文化原来是那样的美妙而又具有科学性与先进性。

　　随着社会的进步与人类文明程度的提高，烹饪的内涵日益扩大，饮食活动也日益进步，其首要的表现便是使自然状态的食物原料，采用适当的烹饪制作工艺技术与方法，以适应人类的生理需要和心理需求，即原料经过烹饪制作后的食品必须合乎人们的卫生与安全方面的需要，并且具备丰富的有益于健康长寿的营养物质，还要在色、香、味、形、意等诸方面给人以美感享受，达到人性化食物——"美食"的标准。当然，要使食物在安全、营养、美感三方面达到高度统一而成为"美食"，真正成为舌尖上的美味，需要对烹饪整个过程进行科学性与合理化的控制。这种控制首先表现在视觉上，因为视觉是人类首当其冲的感觉，以至于我们把所有的精神活动都与视觉联系在一起。"秀色可餐""赏心悦目"就是对视觉从根本上影响我们的认识、思维和味觉的有力印证。

　　王炳华主编的《图解冷拼制作技艺》就是一部研究烹饪造型中冷拼制作的视觉艺术。中国烹饪自古以来就注重内在美与外在美的和谐统一，始终将美味与色、形的美观生动相结合，讲究运用造型变化规

则和烹饪工艺造型技法，使烹饪造型形象生动、朴实自然，富有民族特色和时代气息，这在冷拼制作技艺中显得尤为明显与具体。

《图解冷拼制作技艺》将工艺美术规律与烹饪中的冷拼制作规律有机结合，在充分发挥烹饪原料美的前提下，灵活调动了冷拼制作技艺的美，达到了一种区别于一般工艺美术的独特的烹饪艺术美。每一图案，都可以让学生或厨师们感到切实可行，甚至举重若轻，及至举一反三。无论是架构体系上的精心考量，还是内容上的合理安排，乃至顺序上的统筹，均符合由易至难、由简到繁、由浅入深的循序渐进的学习规律，堪称图文并茂，独具一格。作为烹饪专业的学生或厨房生产的从业人员从事冷拼艺术创作的参考，使之迅速达到冷拼造型艺术美的规范化水平，提高识别美丑的能力，确立正确的冷拼造型艺术审美趣味和审美标准，本书已具有拓展性价值和实用价值，确乎算得上是一部不可多得的好书。我衷心感谢王炳华历时数年用心血和汗水奉献给读者诸公这款"美味佳肴"，并欣然作序，以酬其邀。

朱云龙

2015 年初冬于古城扬州

前 言
Preface

冷拼是烹饪艺术的重要组成部分。本书较为系统地呈现了冷拼的制作技艺，旨在为酒店行业的厨师和职业院校的师生搭建冷拼学习的平台。

为提高冷拼制作者的职业技能，我们对冷拼制作的职业活动进行了梳理，对冷拼在烹饪行业中的应用进行了总结和分类。本书以培养学习者的岗位能力为出发点，从实际的情景应用着手，筛选典型的作品作为教学实训案例。

本书具有以下三个方面的特色：

1. 体系清晰

在框架的编排上，全书分为两部分。第一篇为冷拼基础知识；第二篇为冷拼设计与制作，分别是冷拼备料技艺、冷拼基本功实训、季节类冷拼实例与制作、果品花卉类冷拼实例与制作、动物类冷拼实例与制作和山水人物类冷拼实例与制作。各章节之间逐层递进又相互独立，第一篇可作为第二篇的基础，而第二篇又对第一篇的内容进行巩固和提升。

2. 典型高效

本书精选了数十个典型作品作为教学实训案例，通过作品的解析和实训培养学生的冷拼能力。每一个作品的教学内容既保持相对的独立性与针对性，又能与其他任务之间产生有机联系，形成一个整体。在内容的编排上，从"适用范围""作品描述与设计思路""制作工艺""要领分析""技术拓展"和"相关链接"等方面进行解析。在内容的处理上，作品以效果为导向，配以精美的图片，图文并茂，有针对性地把相关知识整合到具体作品教学案例中。

3. 注重实用

本书力求做到教学过程与工作过程一致、教学内容与工作内容一致、教学作品与工作任务一致。通过完成相应的学习任务，能够提高学生的职业素质、冷拼岗位工作能力、设计与创新能力。学生具备一定的冷拼能力后，可以尝试独立设计并制作实用的冷拼作品。

本书可作为相关职业院校中餐烹饪与营养膳食专业的教材，也可作为冷拼自学者的参考书。本书还被指定作为杭州市西湖职业高级中学烹饪专业校本教材。

本书由杭州市西湖职业高级中学烹饪专业高级技师、国家高级考评员、全国餐饮业一级评委、全国金牌教练王炳华编著。由浙江省特级教师厉志光和两次荣获全国职业院校烹饪技能大赛冠军的严嘉鹏担任副主编。参与编写的人员还有重庆市旅游学校李小华、厦门工商旅游学校荣波、山东济南第三职业中等专业学校于亚明、河南安阳市中等职业技术学校耿志国、江苏省淮阴商业学校叶强、广东惠州商贸旅游高级职业技术学校李正旭。

扬州大学旅游烹饪学院朱云龙教授审读了全书，并对全书编写提出了许多建设性意见。在本书编写过程中，得到了教育部职业技术教育中心研究所邓泽民教授、杭州市西湖职业高级中学张德成校长和杭州大华饭店张勇大师的帮助，得到了杭州南水易广告有限公司林选清和杭州古松雕塑有限公司陈国伟的大力支持，还得到了编写人员所在单位、业内知名专家的支持与帮助，在此向他们一并表示感谢！

由于时间仓促，编者水平有限，不足之处在所难免。敬请读者提出宝贵意见和建议，以便今后改进。

王炳华

2015 年 10 月于杭州

目 录
Contents

第一篇

Part 1

冷拼基础知识

一、冷拼的起源和发展

冷拼是由一般的冷菜拼盘逐渐发展而成的，发源于中国，是悠久的中华饮食文化孕育的一颗璀璨明珠，其历史源远流长。早在唐代就有了用菜肴仿制园林胜景的习俗；宋代则出现了以冷盘仿制园林胜景的形式，特别是当时宋代寺院中用冷菜仿制王维"辋川别墅"的胜景，被认为是世界上最早的冷拼；明、清之时，拼盘技艺进一步发展，制作水平更加精细。近几年来，随着经济的发展，冷拼技艺得到迅猛发展，原料的使用范围扩大，取材也更广泛，其运用范围也在扩大，被越来越多的厨师所青睐、运用，极大地繁荣和推动了我国烹饪文化的发展。

由于冷拼注重放大就餐者对吃的潜在欲望，这就要求烹饪工作者更加努力地研究烹饪菜品。发展到今天，冷拼已经渐渐成为烹饪殿堂中一朵灿烂的奇葩。结合美术布局，讲究寓意吉祥、布局严谨、刀工精细、拼摆匀称、食用性高，这些特点已经被全国烹饪同行所认可，并且在此基础上积极改良创新，并有大批不俗的作品问世。

二、冷拼的定义

冷拼也称花色冷盘、工艺冷拼等，是指利用各种加工好的冷菜原料，采用不同的刀法和拼摆技法，按照一定的次序、层次和位置将冷菜原料拼摆成山水、花卉、动物等图案，供就餐者欣赏和食用的一门冷菜拼摆艺术。

冷拼在宴席程序中是最先与就餐者见面的头菜，它以艳丽的色彩、逼真的造型呈现在食客面前，让人赏心悦目，振人食欲，使就餐者在满足口福之余，还能得到美的享受；在宴席中能起到美化和烘托气氛的作用，同时还能提高宴席档次。

三、冷拼的原料要求

冷拼所使用的原料较多，选择的余地很大，但在具体冷拼的制作上，要根据图案造型的要求、色彩的协调、形态的完整等方面，从原料的质地、色彩、口味、形态以及荤素搭配上选择原料。

原料的质地是指原料的脆韧软硬等方面。有些原料质地较硬，有些原料质地较软，因此，在冷拼制作时，冷拼的哪些部位使用硬料，哪些部位使用软料，要心中有数。另外，要掌握原料的质地特点，这样才能有目的地选择质地不同的原料。

原料色彩是指原料本身自然的色彩和加热烹调后形成的色彩。色彩是冷拼制作中的重要方面，色彩搭配是否协调直接影响到冷拼的艺术效果。有些原料具有鲜艳的自然色彩，如胡萝卜的黄色、莴苣的碧绿、心里美的鲜艳、皮蛋的晶莹剔透、蛋白的白色、草莓的红色等，这些原料的天然色彩是形成冷拼美丽鲜艳色彩的重要来源；有些原料的色彩，则需要加热、调味或使用其他辅助手段来形成，如青虾煮熟后变红、酱卤菜肴的红色等，有的还需要加入一些蔬菜果汁调制色彩，如鱼糕，加入菠菜汁呈绿色，加入胡萝卜汁则呈黄色。但要注意的是，禁止使用各种人工合成色素或有助于发色的添加剂等。

原料的口味是指原料自身的口味以及加热烹调后赋予的口味。口味是制作菜肴的关键，也是菜肴的灵魂，冷拼所使用的冷菜应尽可能做到一菜一味，风格多样。口味在冷拼中的直接感觉不明显，不像颜色、形状等给人直观的第一印象，口味只有在味觉感觉后才有反应，只有品尝后才能对味道做出评价，因此，冷拼原料的口味要与其观赏性相结合，不能只重视外表而忽视口味的存在。现在有些冷拼一味追求形式美，而不注重食材的口味，甚至为了便于加工拼摆，不加调味便直接使用一些生料，这都是不可取的。

原料的形态是指原料在自然环境中生长形成的一种自然外观，不同的原料有着不同的形态。在冷拼制作中，要尽量使用食材的自然形态，充分利用原料的自然形态能达到事半功倍的效果，且图案效果更加生动形象。食材经过刀工处理后的形态要根据图案要求来修整，使修整后的形态符合图案的意境，使图案生动逼真。

冷拼所使用的原料很多，除注意上述因素外，还要注意荤素的搭配。一般来说，一比一的荤素搭配较为合适，这样才能营养平衡合理、原料性质协调，也容易扩大食材的选择余地。在选择食材时，尽可能不要选择一些高档食材，当然，高档的山珍海味可以食用，但是经济成本比较高。

冷拼常用的原料主要有三大类：

植物类原料：如黄瓜、番茄、蘑菇、各种萝卜、胡萝卜、竹笋、莴苣、洋葱、大白菜、香菜和西芹等；一般适合于腌、拌、炝等烹调方法。

动物类原料：如鸡、鸭、猪肉、猪肝、猪口条、牛肉、鱼和虾等，一般适合于酱、卤、煮、蒸等烹调方法。

加工类原料：如火腿、鱼糕、蛋卷、白蛋糕、黄蛋糕、皮蛋、蛋松、肉松、香肠和豆制品等。

除此以外，还有一些复合原料，如琼脂、奶油等。

第二篇

Part 2

冷拼设计与制作实践

第一节　冷拼备料技艺实训

---◀▶ 沸煮西蓝花 ◀▶---

🍽 适用范围

1. 单碟、宴会各客冷盘。
2. 主题花色冷拼、工艺拼盘等。

🍃 作品描述与设计思路

"沸煮西蓝花"，色彩鲜明、营养丰富、可食性强，在冷拼中常用于颜色和营养方面的搭配，起陪衬点缀作用。叶绿蔬菜的加工技术类似，因此以沸煮西蓝花为例进行解析。

■ 沸煮西蓝花

✗ 制作工艺

1. 将西蓝花进行修整、美化。
2. 准备好西蓝花、调料和冰水。
3. 将西蓝花放入沸水锅中焯至断生。
4. 将煮熟的西蓝花放入冰水中迅速冷却，捞出沥干水分即可。

✗ 要领分析

1. 在煮制过程中，应注意水量和西蓝花的比例关系。沸水用量宜多，火力宜大，西蓝花在锅内停留时间宜短。

2. 在细节处理过程中，需要将西蓝花放入冰水中迅速冷却，以防皂化反应。保持西蓝花的鲜绿色泽和营养成分。

技术拓展

1. 在原料的选择上，可以选用适合于菜品的相似原材料。

2. 加入适量食用碱可以使西蓝花颜色更加艳丽，需防酸。

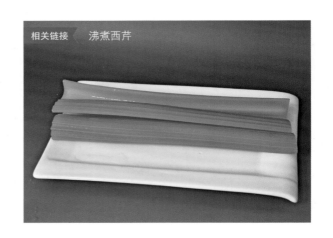

相关链接　沸煮西芹

蒸巧克力糕

适用范围

1. 单碟、宴会各客冷盘。
2. 主题花色冷拼、工艺拼盘等。

作品描述与设计思路

"蒸巧克力糕"，色彩厚重、口味特别、可食性强。在冷拼中常用于颜色的搭配，起陪衬或帮助造型的作用。蒸制糕类的加工方法类似，而蒸巧克力糕具有典型性。

制作工艺

1. 准备好琼脂、植脂奶油等原料。
2. 将琼脂漂洗干净，再用清水浸泡8分钟，过滤后装入盒中上笼蒸制。
3. 将琼脂充分蒸透。
4. 加入植脂奶油，并同时搅拌均匀。
5. 待再次蒸化后，加入巧克力酱搅拌均匀，静置冷却即成。

■ 蒸巧克力糕

要领分析

1. 在琼脂浸泡过程中，应该注意时间和琼脂柔软度之间的关系。以琼脂浸透为宜，否则会影响糕的软硬度和黏性。

2. 在加入巧克力酱的过程中，需要同时搅拌，以防结块。

技术拓展

1. 在原料的选择上，可以选用适合于菜品的相似原材料，如明胶等。

2. 加入适量的天然色素代替巧克力酱，可以得到相应色泽的食材。

相关链接　白玉糕

调制土豆泥

适用范围

土豆泥主要用于工艺冷拼的垫底、定型或支撑。也可以作为单碟或各客的主要食用部分。

作品描述与设计思路

以土豆和沙拉酱为原料制作的"土豆泥"，可塑性强、可食性也强。土豆泥在冷拼的使用中，能符合多种主题情景的要求。土豆泥具备良好的口感，是冷拼中常用的原料。

制作工艺

1. 准备原料：土豆、沙拉酱、糖、盐等。
2. 将土豆蒸熟、去皮、切块。
3. 加入各种调味品。
4. 将土豆压碎成泥。

■ 土豆泥

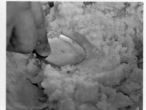

5. 调制好土豆泥的口味和浓稠度。

6. 将调好的土豆泥装入裱花袋中，以便于取用和存放。

要领分析

1. 在土豆泥的制作过程中，应该注意土豆和各种调辅料的比例关系，这是土豆泥可塑性和口感的保证。

2. 在细节处理过程中，土豆一定要蒸至熟透。

技术拓展

1. 在原料的选择上，可以选用其他富含淀粉的原材料，如红薯。

2. 为体现不同冷拼主题的需要，可以通过塑形、调色等方式进行改进。

相关链接　　紫薯泥

雕刻主题字

适用范围

主题字用于花式冷拼、主题工艺拼盘和各客冷拼的点题。

作品描述与设计思路

以红椒为原料制作的"雕刻主题字"，主题鲜明、色彩艳丽。红椒经糖醋汁腌渍调味后，兼具甜酸适口的特性，同时增加了题字的柔度，因而在盛器上的附着力和稳定性也得以增强。

制作工艺

1. 准备原料：红椒、字体纸、透明胶带、白醋、砂糖和矿泉水。

■ 雕刻主题字

2. 将需要用到的字沿四周裁开，正面贴上透明胶带。然后利用胶带将字贴固定在红椒表面。

3. 用刀尖沿着字的实部运刀，将字的实部取出，取出部位即为所需要的题字。进刀的深度以刻穿红椒为宜。将白醋、砂糖和矿泉水按1：1：1的比例调匀成糖醋汁。将刻好的字放入糖醋汁中浸泡备用。根据作品的需要，将题字置于相应的位置即可。

要领分析

1. 在打印字体时，字号的大小应根据盛器和作品需要确定，字体以华文行楷为宜。

2. 在雕刻过程中，选用细长而锋利的雕刻刀是保证良好效果的关键。

技术拓展

1. 在原料的选择上，可以选用质地相似的原材料。

2. 在主题的体现方面，可以通过构图形式的变化和字体变形进行改进。

相关链接　模板题字——秋收

▶ 蒸制白蛋糕 ◀

适用范围

花色冷拼、宴会各客、工艺拼盘等。

作品描述与设计思路

以鸭蛋为原料制作的"白蛋糕"，色泽洁白、黏性极强。在造型和色彩方面有其独特的优势，因而在冷拼中应用广泛。

■ 白蛋糕

✖ 制作工艺

1. 准备原料及工具：鸭蛋、盐、生粉、纱布、盒子等。

2. 将鸭蛋从中间敲破，利用蛋壳将蛋清和蛋黄分开。

3. 将取得的蛋清置于碗中，蛋清中不能混入蛋黄。

4. 在蛋清中加入盐、鸡粉调味，再加入湿淀粉搅拌均匀。

5. 准备蒸制蛋糕的盒子，并在盒子内铺上一层保鲜膜。

6. 将调制好的蛋清用纱布过滤后，倒入准备好的盒子内。

7. 蒸制前的蛋清。

8. 将蛋清放入笼中用小火蒸制，待蒸制成熟后成为蛋白即可出笼冷却备用。

✖ 要领分析

1. 在调制白蛋糕原料时，应以蛋清为主，湿淀粉的作用是增加白蛋糕的硬度。

2. 在细节处理过程中，蛋清要搅拌均匀后再过滤，这样制作的白蛋糕质地细腻。

3. 蒸制时需要用小火蒸制，否则糕内容易出现气孔。

技术拓展

1. 在原料的选择上，可以选用其他蛋类原料。

2. 为体现主题的需要，可以以白蛋糕的制作工艺为基础，制备其他原料。

相关链接　黄蛋糕

巧制鱼蓉卷

适用范围

1. 竞赛花色冷拼。
2. 主题展台工艺总盘等。

作品描述与设计思路

以鲢鱼为原料制作的"鱼蓉卷"，造型别致，色彩丰富，口味鲜醇，广泛用于工艺冷盘中。

■ 鱼蓉卷

制作工艺

1. 准备原料：鸭蛋、鲢鱼肉、菠菜、胡萝卜等。
2. 将蛋清和蛋黄分离。
3. 将取出的蛋清和蛋黄分别搅匀，过滤后置于不同的盛器中静置 15 分钟。
4. 将蛋黄液体倒入平底锅中，摊成蛋皮，注意用微火。
5. 将鱼肉制成蓉后，过滤，去除鱼筋。
6. 将菠菜叶洗净后放入搅拌机中，加入少许水，打碎取汁备用。
7. 在鱼蓉中加入菠菜汁，搅拌均匀后再次过滤。
8. 将调好颜色的鱼蓉，加入盐，搅打上劲，置于冰箱中放置 12 分钟。
9. 将鱼蓉放入裱花袋中，排净气泡。用同样的方法，制作出其他颜色的鱼蓉备用。
10. 把鱼蓉挤在蛋皮的一端，调整好大小和位置。
11. 将鱼蓉卷制成形，然后放入笼中蒸约 10 分钟，取出冷却。

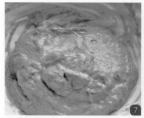

要领分析

1. 在鱼蓉的调制过程中，应该注意鱼蓉和盐的比例关系。

2. 在调色工艺中，所需要的颜色必须是从天然食材中萃取，如菠菜、胡萝卜等。

技术拓展

1. 在原料的选择上，可以选用其他鱼类如白条鱼等。

2. 在造型的体现方面，可以通过手法的变

相关链接 变形后的鱼蓉卷制作的蝴蝶

化制成不同形状和颜色搭配的鱼蓉卷。

秘制菠萝鱼

适用范围

1. 宴会各客、单碟等。
2. 工艺冷盘、主题展台冷拼等。

作品描述与设计思路

以小黄鱼为原料制作的"秘制菠萝鱼"，色彩鲜明、形似菠萝、口味鲜醇，故而得名。由于极强的可食性，在各种冷拼中应用广泛。

制作工艺

1. 准备原料：将小黄鱼去骨洗净。
2. 将鱼片成片，卷制后用牙签定型。
3. 用同样的方法，将剩余的鱼卷制好。
4. 将生粉和面粉按照 1：1 的比例调制成糊，然后将鱼卷放入糊中挂糊。
5. 将挂好糊的鱼卷放入 5 成热的油锅炸制。

■ 秘制菠萝鱼

6. 待鱼卷炸成金黄色时即捞出盛于容器中。

7. 将鱼卷上的牙签去掉，修整鱼卷形状。

8. 将鱼卷复炸至颜色一致、外酥里嫩。

9. 调好酱汁，放入炸好的鱼卷裹匀。

10. 将制成的鱼卷放入盛器中保存。

要领分析

1. 在鱼卷的成形过程中，应借助牙签辅助定型，卷制过程中鱼腹部向上、鱼背部向下。

2. 在加热过程中，调味和火候应适度。

技术拓展

1. 在原料的选择上，可以选用其他动物性原料，原料在通过加热后表皮要具有收缩性。

2. 在口味的选择方面，宜考虑："食无定味，适口者珍。"

相关链接　菠萝鱼在冷拼中的应用图例

白灼花虎虾

适用范围

1. 工艺冷拼、各客冷拼等。

2. 花色冷拼、主题展台工艺总盘等。

作品描述与设计思路

花虎虾学名为刀额新对虾（Metapenaeus ensis），亦称"基围虾""独角新对虾"。体表有许多凹陷部分，其上生有短毛。以基围虾为原

■ 白灼花虎虾

料制作"花虎虾",口味咸鲜、色彩鲜明、红白相间、富含优质蛋白质。可食性极强,因而广泛应用于各种冷拼中。

制作工艺

1. 选择鲜活的花虎虾。

2. 沸水锅中加入姜、葱出香,烹入料酒、盐、味精调味,将虾入锅煮制,及时撇去浮沫。

3. 煮至虾身弯曲、完全成熟。

4. 用滤筛将虾捞出。

5. 将虾放入调好咸鲜味的矿泉水中浸泡。

6. 去除头和虾壳。

7. 将加工好的虾进行排列,尽可能选择个头大小一致的。

8. 保存法1:将加工好的虾固定,用保鲜膜密封,冷藏。

9. 保存法2:将虾放入芝麻油中浸泡,存放时间相对较长。

要领分析

1. 选择鲜活的原料是效果呈现的前提。

2. 在加热过程中,虾要煮至充分弯曲。

技术拓展

花虎虾在冷拼中的使用,应该考虑根据主题情景的需要,灵活运用。

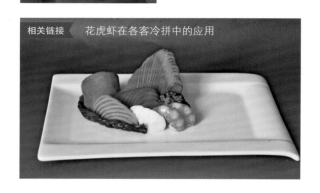

相关链接　花虎虾在各客冷拼中的应用

第二节　冷拼基本功实训

---------------------- ▷ **蓑衣小黄瓜** ◁ ----------------------

🍴 适用范围

1. 冷拼单碟。
2. 竞赛训练（蓑衣花刀）等。

🌿 作品描述与设计思路

以小黄瓜为原料制作的菜品"蓑衣小黄瓜"，味型鲜明、酸辣开胃。

在设计思路方面，该菜品的选择，主要是为了训练"蓑衣花刀"。通过任务的完成，能够帮助制作者训练运刀的角度、刀距和进刀深度方面的基本技能。

✕ 制作工艺

1. 准备原料：选择新鲜、粗细均匀且平直的原料为宜。

2. 将小黄瓜去头，刀与小黄瓜倾斜，进刀深度为原料的三分之二，进行剞刀处理。

3. 黄瓜翻面，处理方法同上。

4. 将进行蓑衣花刀处理的黄瓜进行拉伸。

5. 将第一根小黄瓜弯曲装盘。

6. 另一根小黄瓜折叠造型后装盘，然后作

■ 蓑衣小黄瓜

适当调整。

7. 装盘完成，上桌时配上酸辣味碟即可。

✂ 要领分析

1. 在进行菜品整体设计时，应该注意原料、造型和味型的合理搭配。

2. 在刀工处理过程中，可以在小黄瓜的底部垫上干净的毛巾，以起到吸水防滑的效果。

🍲 技术拓展

1. 在原料的造型上，可以选用其他刀法并进行相宜的造型。

2. 在味型的选择上，可以根据进餐者的口味，调制相应的味型。

相关链接　冷拼竞赛中的蓑衣小黄瓜

◣ 锥形香干丝 ◢

🍽 适用范围

1. 冷拼单碟。
2. 冷拼基本技法训练（堆）等。

🍃 作品描述与设计思路

以香干为原料制作的菜品"锥形香干丝"，色泽洁白、咸鲜适口。

在设计思路方面，该菜品的选择，主要是为了训练冷拼的基本技法"堆"。"堆"是指将不规则的或者经过处理（刀工、调味等）的冷拼食材堆放在盘中成菜的技法。其成菜特点是下大上小、充实、饱满，以锥体和塔形居多。

通过任务的完成，还能够帮助制作者训练平刀片、推切等刀工技艺和冷拼咸鲜味的调味技巧。

✖ 制作工艺

1. 准备原料：选择新鲜的兰花香干为宜。

■ 锥形香干丝

2. 将香干去边，平刀取片。
3. 将片下的香干片整齐排叠成瓦楞形。
4. 推切成丝。
5. 调制咸鲜味，搅拌均匀。
6. 将拌匀的香干丝运用"堆"的技法，逐层堆成锥形，然后作适当调整。

✂ 要领分析

1. 在进行菜品整体设计时，应该注意盛器底部长度与总体高度的比例，以 1 ∶ 0.6 为宜；菜品总体重量控制在 150 克左右。

2. 在刀工处理过程中，选用平刀直片和直刀推切的刀法有助于得到形整不碎的香干丝。

技术拓展

1. 在原料的造型上，可以借助美学知识进行相宜的造型。

2. 在味型的选择上，可以根据进餐者的口味，调制相应的味型。

相关链接　堆的作品

----------------- ▶ 菱形莴笋块 ◀ -----------------

适用范围

1. 冷拼单碟。
2. 冷拼基本技法训练（排）等。

作品描述与设计思路

以莴笋为原料制作的菜品"菱形莴笋块"，色泽翠绿、甜酸适口。

■ 菱形莴笋块

在设计思路方面，该菜品的选择，主要是为了训练冷拼的基本技法"排"。"排"是指将经过加工的冷拼食材并排、整齐、成行地装盘的技法，其特点是整齐美观。

通过任务的完成，能够帮助制作者训练菱形块的成形、直刀拉切的技艺以及冷拼糖醋味的调味技巧。

✖ 制作工艺

1. 准备原料：选择新鲜且分量偏重的莴笋和颜色鲜艳的心里美萝卜为宜。

2. 将莴笋切长块，斜刀45度推切成菱形块。

3. 将第一层8块放入盘中定型。

4. 直刀拉切莴笋，顶部不断。

5. 美化成形后的菱形莴笋块。

6. 将菱形莴笋块放入由糖醋汁和冷开水兑成的溶液中浸泡入味。

7. 将心里美萝卜切细丝。

8. 将切好的萝卜丝放入矿泉水中浸泡。

9. 将浸泡入味后的莴笋块装盘，每层8块。

10. 按逐层变小、相邻层交错的原则装盘，共计5层。

11. 将心里美萝卜丝整理成圆球形。

12. 将心里美萝卜丝放置在莴笋顶部且居中。

✖ 要领分析

1. 在进行菜品的成型设计时，选用心里美萝卜作为搭配，在菜品色泽和质地方面都能起到积极作用。

2. 在菱形莴笋块美化成形时，宜选用直刀拉切的刀法，成形后不仅更加美观，而且更易入味。

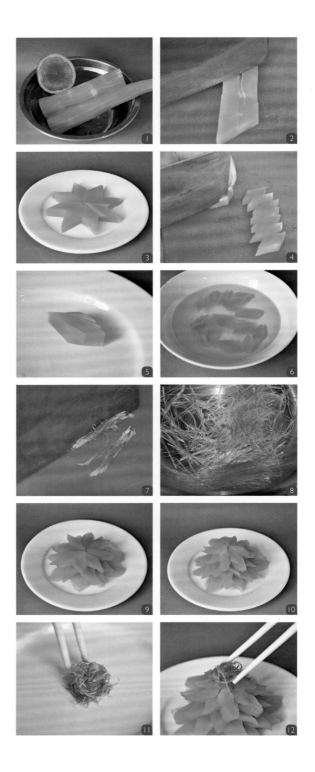

🍲 技术拓展

1. 在原料的成形上，可以把菱形块变为其他形状后进行相宜的造型。

2. 在味型的选择上，可以根据进餐者的口味，调制相应的味型。

相关链接　排的作品

◆ 半球午餐肉 ◆

🍽️ 适用范围

1. 冷拼单碟。
2. 冷拼基本技法训练（叠）等。

🍃 作品描述与设计思路

以午餐肉为原料制作的菜品"半球午餐肉"，色泽红润、香味浓郁。

在设计思路方面，该菜品的选择，主要是为了训练冷拼的基本技法"叠"。"叠"是指将切成片状的冷拼食材整齐相叠，整理成一定形状后装入盘中的技法。其特点是造型多变、整齐美观。

通过任务的完成，还能够帮助制作者训练叠片成形和冷拼中贴边盖面的技巧。

🍴 制作工艺

1. 准备原料：选择罐装午餐肉为宜。

2. 将午餐肉分块取料，优先留出贴边和盖面的部分。

3. 切片后整齐叠片摆出贴片的左半部分。

4. 将午餐肉片贴盖到半球垫底料的左半部分。

5. 用相同技法完成右半部分的贴片，最后完成顶部盖面即成。

■ 半球午餐肉

要领分析

1. 在原料的选择时，选用午餐肉为原料，是因为午餐肉色泽和风味特别，而且备料便利。

2. 在半球午餐肉美化成形时，为了使结顶盖面圆润，往往需要在盖面前填料。

技术拓展

1. 在侧重于技法训练阶段，原料可选用植物性原料，这样可以起到降低成本和难度的效果。

2. 在垫底原料的选择上，可以选用植物性原料，使营养和口味搭配更加合理。

相关链接　馒头形冷拼

相关链接　拱形冷拼

 环形青瓜片

适用范围

1. 冷拼单碟。

2. 冷拼基本技法训练（围）等。

作品描述与设计思路

以青瓜为原料制作的菜品"环形青瓜片"，色泽翠绿、清新适口。

在设计思路方面，该菜品的选择，主要是为了训练冷拼的基本技法"围"。"围"是指将经过处理后的冷拼食材，排列成环形装盘造型的技法。其特点是造型别致、对比明显。

通过任务的完成，还能够帮助制作者训练冷拼加工及造型的技巧。

■ 环形青瓜片

🍴 制作工艺

　　1. 准备原料：选择新鲜的青瓜，从中间一剖为二。

　　2. 将青瓜切片。

　　3. 将片竖立后展开。

　　4. 将片放倒后围成环形，首尾相接。

　　5. 层层重叠，逐层变小。

　　6. 顶层的收口尽可能小些。

📖 要领分析

　　1. 在菜品的成形设计时，为了达到逐层缩小的效果，青瓜片的数量应以等差数列的规律减少。

　　2. 在青瓜片成形时，片宜薄，且厚薄均匀。

🍲 技术拓展

　　1. 从原料的选择方面考虑，可以选用相同质地的其他原料。

　　2. 在味型的选择上，可以根据进餐者的口味，选择相应的味型。在江浙一带，配以甜酱味，颇受欢迎。

相关链接　围的作品

🔺 篷形胡萝卜 🔻

🍽 适用范围

　　1. 冷拼单碟。

　　2. 冷拼基本技法训练（覆）等。

🍃 作品描述与设计思路

　　以胡萝卜和白萝卜为原料制作的菜品"篷形胡萝卜"，色泽鲜艳、形似帐篷、造型别致。

■ 篷形胡萝卜

在设计思路方面，该菜品的选择，主要是为了训练冷拼的基本技法"覆"。"覆"，也称"扣"，是指将加工后的冷拼食材整齐地排叠在扣碗中，再翻扣装盘的技法。其特点是整齐美观、主料突出。

通过任务的完成，还能够帮助制作者训练羽形块的成形、直刀推拉切的技艺以及冷拼姜汁味的调味技巧。

✖ 制作工艺

1. 准备原料：选择新鲜的胡萝卜。

2. 将胡萝卜切长块，修成羽形块，放入姜汁味汁中腌制入味。

3. 将白萝卜切丝后放入姜汁味汁中腌制后挤出水分备用。

4. 将羽形胡萝卜块切片后，整齐排入扣碗。

5. 用白萝卜丝填料，与碗口齐平，翻扣于盘中即可成菜。

📖 要领分析

1. 在菜品的成形设计时，选用扣碗帮助成形，这种方法在冷拼造型中具有典型性。

2. 将羽形块切片处理时，应选用直刀推拉切的刀法，成形后片整齐不乱，有利于后续的排片美观。

☁ 技术拓展

1. 在原料的选择方面，可以更换季节性食材或更适合消费情景的食材。

2. 在味型的选择上，可以根据进餐者的口味，调制相应的味型。

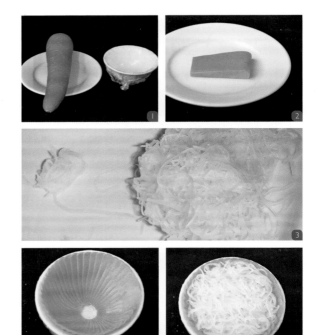

相关链接 覆的作品

花形萝卜卷

适用范围

1. 冷拼单碟。
2. 冷拼基本技法训练（摆）等。

作品描述与设计思路

以白萝卜和胡萝卜为原料制作的菜品"花形萝卜卷"，色泽清爽、酸辣适口。

在设计思路方面，该菜品的选择，主要是为了训练冷拼的基本技法"摆"。"摆"，也称"贴"，是指将加工后的冷拼食材，拼摆成能体现一定主题的完整图案或造型的技法。其特点是造型逼真，生动形象。

通过任务的完成，还能够帮助制作者训练萝卜卷的成形和冷菜酸辣味的调制技巧。

制作工艺

1. 准备原料：选择新鲜的白萝卜和胡萝卜为宜。
2. 将白萝卜批成片状。
3. 将白萝卜片放入酸辣味汁中腌制入味。
4. 将胡萝卜切丝备用。
5. 将腌制好的白萝卜切成 8 厘米长的片。
6. 将胡萝卜丝卷入白萝卜片中卷成萝卜卷。
7. 用相同的方法完成剩余萝卜卷的制作。
8. 将萝卜卷斜刀切成块状。
9. 将刀工处理后的半成品按盘子的内线排列整齐，围成一圈。
10. 按逐层缩进、相邻层交错的原则，完成第二层的拼摆。
11. 相同的方法完成作品整体的拼摆。

■ 花形萝卜卷

要领分析

1. 在菜品的成形设计时，选用卷作为拼摆的原料，在菜品成形和色泽的搭配方面独具效果。

2. 在花形萝卜卷美化成形时，将腌制入味的白萝卜片统一修切成 8 厘米长的段，得到的卷粗细均匀，成菜美观。

 技术拓展

1. 在原料的选择方面，可以变换其他食材。

2. 在味型的选择上，可以根据进餐者的口味，调制相应的味型。

相关链接　摆的作品

扇面双拼

 适用范围

1. 竞赛花色冷拼。
2. 主题展台工艺拼盘等。

 作品描述与设计思路

以白萝卜和盐方为原料制作的"扇面双拼"，色泽清爽、搭配合理、造型美观。

在设计思路方面，该菜品的选择，主要是为了训练冷拼的基本技法。作品的完成，需要制作者具备扎实的冷拼技艺。通过任务的完成，还能够帮助制作者训练冷拼中"堆""叠""排"等技法的综合运用能力。

■ 扇面双拼

 制作工艺

1. 准备原料：选择新鲜的白萝卜和盐方。

2. 将白萝卜切丝，放入盐水中浸泡。

3. 将盐方切块，按规律排入盘中，作为硬面的垫底。

4. 修坯后，底层盖面的片按弧度叠排整齐。

5. 将底层盖面覆盖在垫底的原料上。

6. 将盐方切片，完成顶层盖面的拼摆。

7. 将顶层盖面放置后，调整好位置。

8. 将萝卜丝捞出挤干后，堆放成软面即可。

✖ 要领分析

1. 在双拼的成形设计时，运用模板可以帮助成形，去除模板后，软硬面中间留下约 0.5 厘米的齐直缝隙，自然将软硬面分开。

2. 在硬面叠片时，要把握好拼摆的弧度。萝卜丝成形时，需要粗细均匀、整齐划一。

技术拓展

1. 从食用性的角度考虑，在原料的选择方面，可以变换食材。

2. 在味型的选择上，可以根据进餐者的口味，调制相应的味型。

拱桥双拼

⦿ 适用范围

1. 作为冷菜菜品。

2. 主题展台、竞赛冷拼等。

✎ 作品描述与设计思路

以白萝卜和午餐肉为原料制作的"拱桥双拼"，形如拱桥、搭配合理、技法多样。

在设计思路方面，该菜品的选择，主要是为了训练冷拼的综合技法。作品的完成，需要制作者具备扎实的冷拼技艺。通过任务的完成，还能够帮助制作者训练冷拼中"堆""叠""拼摆"等技法的综合运用能力。

■ 拱桥双拼

✖ 制作工艺

1. 准备原料：选择新鲜的白萝卜和午餐肉。

2. 将白萝卜切丝。

3. 将白萝卜丝放入蜂蜜溶液中浸泡入味。

4. 午餐肉切块，分块取料。

5. 将大块午餐肉修成拱桥形底坯。

6. 将午餐肉切块，便于食用。

7. 将用于侧面贴片的片切下后叠放整齐。

8. 准备好模板帮助成形。

9. 按拱桥体的侧面弧线修整好侧面贴片的形状。

10. 完成顶部盖面的叠放。

11. 将盖面片表面放上餐巾纸帮助成形。

12. 完成顶部盖面的拼摆。

13. 完成后的拱桥主体。

14. 将入味后的萝卜丝挤除水分。

15. 按照拱桥主体的形状对萝卜丝进行造型处理。

16. 完成后的萝卜丝拱桥体。

17. 作适当调整。

18. 进一步调整，让双拼两部分的形状一致。

要领分析

1. 在双拼的成形时，运用模板可以使双拼的出品稳定。

2. 拱桥双拼两部分的体积比为 1 ：1；底部跨度控制在 8 厘米；盖面片的规格为长 4 厘米、宽 1.5 厘米、厚 0.2 厘米时，整体效果美观。

技术拓展

1. 从食用性的角度考虑，在原料的选择方面，可以变换食材。

2. 在味型的选择上，可以根据进餐者的喜好，调制相应的味型。

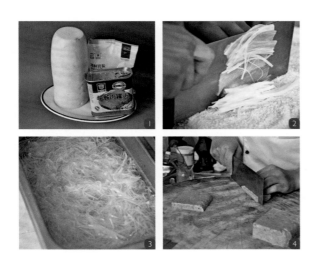

扇面三拼

适用范围

1. 作为冷菜菜品。
2. 主题展台、竞赛冷拼等。

作品描述与设计思路

以白萝卜、胡萝卜和午餐肉为原料制作的"扇面三拼"，形如半球、造型别致、技法多样。

在设计思路方面，该菜品的选择，主要是为了训练冷拼的综合技法。作品的完成，需要制作者具备扎实的冷拼技艺。通过任务的完成，还能够帮助制作者训练冷拼拼摆的综合能力。

制作工艺

1. 准备原料：选择新鲜的白萝卜、胡萝卜和午餐肉。
2. 将原料修坯成形一致。
3. 将三种原料分别切片。
4. 放入调好味的溶液中腌制入味。
5. 将三种原料的片垫底定位。
6. 将片叠放至所需要的高度。
7. 完成三种原料的底部造型。
8. 用丝填料垫底。
9. 拼摆好底部盖面的片后，覆盖到相应的垫底原料上。
10. 完成顶部盖面的拼摆和覆盖。
11. 完成顶部盖面的扇面三拼。
12. 用块垫底的扇面三拼。

要领分析

1. 在"扇面三拼"成形时，每部分扇面的

■ 扇面三拼

角度为 120 度。

2. 扇面三拼三部分的体积比为 1∶1∶1；底部盖面片的长度为 4.5 厘米；顶部盖面片的长为 5 厘米。这样的成品效果较好。

技术拓展

1. 在原料的选择上，可以选用更符合情景的食材。

2. 在口味的体现方面，可以搭配适合消费者的味汁。也可增加少许食材作点缀。

------------------------ ▶▶▷ **拱桥三拼** ◁◀◀ ------------------------

适用范围

1. 作为冷菜菜品。
2. 主题展台、竞赛冷拼等。

■ 拱桥三拼

作品描述与设计思路

以香干、心里美萝卜和午餐肉为原料制作的"拱桥三拼"，色差明显、搭配合理、技法丰富。

在设计思路方面，这个冷拼主要是为了训练冷拼的拼摆技法。作品的完成，需要制作者具备相应的冷拼技艺。通过任务的完成，还能够帮助制作者训练冷拼中"堆""叠""拼摆"等技法的综合运用能力。

制作工艺

1. 准备原料：选择新鲜的白萝卜、心里美萝卜和午餐肉。

2. 将心里美萝卜切丝。

3. 将心里美萝卜丝放入白醋溶液中浸泡入味。

4. 将午餐肉切块，分块取料。

5. 将大块午餐肉修成拱桥形底坯。

6. 做出午餐肉拱桥主体。

7. 将午餐肉切块后拼装回拱桥体的形状。

8. 拼摆主体盖面。

9. 在表面刷上色拉油以增加黏着性。

10. 完成顶部盖面的整理。

11. 拱桥主体成形。

12. 挤干心里美萝卜的水分。

13. 完成心里美萝卜的拱桥体成形。

14. 完成整体作品的三分之二。

15. 将豆腐干切成条。

16. 按篱笆形排叠。

17. 对齐边缘，逐层收小，至顶部同高即可。

18. 用其他原料（黄瓜、白萝卜、香干）制作完成拱桥三拼正面。

19. 黄瓜、白萝卜、香干拱桥三拼的侧面。

要领分析

1. 在"拱桥三拼"成形时，要注意整体的协调性。

2. 拱桥三拼三部分的体积比为 1 ：1 ：1；拱桥体尺寸可参照拱桥双拼。

技术拓展

1. 从食用性的角度考虑，在原料的选择方面，可以变换食材。

2. 在味型的选择上，可以根据进餐者的口味，调制相应的味道。

3. 可进行适当的点缀。

------------------------ **什锦拼盘** ------------------------

适用范围

1. 作为冷菜菜品。

2. 主题展台、竞赛冷拼等。

■ 什锦拼盘

作品描述与设计思路

　　以土豆、莴笋、心里美萝卜、胡萝卜、白萝卜、抹茶糕、白蛋糕、黄蛋糕、西火腿和午餐肉为原料制作的"什锦拼盘"，色彩丰富、搭配合理、口味多样。

　　在设计思路方面，该菜品的选择，主要是为了训练冷拼的综合拼摆技法。作品的完成，需要制作者具备高超的冷拼技艺。通过任务的完成，还能够帮助制作者训练冷拼中基础技法的综合运用能力。

制作工艺

　　1. 准备原料：选择新鲜的土豆、莴笋、心里美萝卜、胡萝卜、白萝卜、抹茶糕、白蛋糕、黄蛋糕、西火腿和午餐肉为宜。将土豆制成泥，备好萝卜卷。

　　2. 将莴笋、心里美萝卜、胡萝卜、抹茶糕、白蛋糕、黄蛋糕、西火腿切成规格一致的块状。

　　3. 将莴笋、心里美萝卜、胡萝卜、抹茶糕、白蛋糕、黄蛋糕、西火腿按照如图所示的方法切成厚度为 0.2 厘米的厚片。

　　4. 将土豆泥压平垫底。

　　5. 将第一种原料拼摆成角度为 45 度的扇面。

　　6. 用相同的方法完成第二扇面的拼摆。

　　7. 以此类推，完成所有扇面的拼摆。将最后一片压在第一片下面，扇面即完成。

　　8. 萝卜卷斜切，完成结顶的第一层。

　　9. 填料后，完成结顶的拼摆。

　　10. 进行适当调整即可。

要领分析

　　1. 在成形时，片的形状和大小要保持一致，各种扇面占圆面的八分之一。

　　2. 成品应遵行片匀、面平、线直、结顶圆

相关链接　什锦拼盘的变化作品1

润的标准。结顶高度与扇面直径的比为 1 ： 1.618（黄金分割原则）时，整体效果美观。

技术拓展

1. 从食用性的角度考虑，在原料的选择方面，可以变换食材。

2. 在味型的选择上，可以根据进餐者的喜好，调制相应的味型。

3. 从造型或形式方面进行变化。

相关链接　什锦拼盘的变化作品 2

荷花总盘

■ 荷花总盘

适用范围

1. 作为冷菜菜品。
2. 主题展台、竞赛冷拼等。

作品描述与设计思路

以番茄、心里美萝卜、胡萝卜、小黄瓜、抹茶糕、黄蛋糕、西火腿和午餐肉为原料制作的"荷花总盘"，形似荷花、搭配合理、技法丰富。

在设计思路方面，该菜品的选择，主要是为了训练冷拼的综合技法。作品的完成，需要制作者具备冷拼的造型能力。通过任务的完成，还能够帮助制作者训练冷拼拼摆技法的综合运用能力。

制作工艺

1. 准备原料：取抹茶糕一块，雕刻成莲蓬的形状。

2. 选择新鲜的番茄、心里美萝卜、胡萝卜、小黄瓜、黄蛋糕、西火腿和午餐肉为宜。

3. 将心里美萝卜、胡萝卜、小黄瓜、黄蛋糕、西火腿和午餐肉按照如图所示的方法切成厚度为0.15 厘米的片。

4. 将碎料整理后垫底。

5. 将午餐肉按顺时针方向排片。

6. 完成花瓣大形的拼摆。

7. 修去棱角后的花瓣。

8. 将花瓣覆盖到相应的垫底原料上。

9. 修整花瓣形状，尽可能全覆盖。

10. 用相同的方法完成其他花瓣的拼摆。

11. 将番茄切开成六等份。

12. 将番茄去籽。

13. 将番茄翻扣在拼摆好的两个花瓣之间。

14. 另取番茄一只，去籽修整后放入拼盘中。

15. 在正中央放上雕好的莲蓬。

16. 将黄蛋糕切丝作为雌蕊。

17. 将花蕊放在莲蓬周围，修整即可。

✂ 要领分析

1. 在修坯时，块的形状和大小要保持一致，以保持成形后花瓣整齐一致。

2. 食材的选择，以荤料和素料各半为宜。

🍲 技术拓展

1. 根据进餐者的情况，在原料的选择方面，可以变换食材。

2. 在味型的选择上，可以根据进餐者的喜好，丰富各种食材的味型。

3. 可以从造型或形式方面进行变化。

春华

Chunhua

适用范围

1. 作为冷菜菜品。
2. 主题宴会各客、竞赛冷拼等。

作品描述与设计思路

以鱼卷、鸡卷和土豆泥等原料制作的"春华"，时令鲜明、造型逼真、食用性强。

在设计思路方面，该菜品的选择，主要是为了训练各客冷拼的制作技法。作品的完成，需要制作者具备相关的理论知识。通过任务的完成，还能够帮助制作者训练理实一体化作品的呈现能力。

制作工艺

1. 准备原料：鱼卷、鸡卷和土豆泥等。
2. 将黄瓜切片定位。
3. 将鱼卷、鸡卷和蛋干切片拼摆后装盘。
4. 做装饰，完成作品底部制作。
5. 用土豆泥完成春笋的底坯造型。
6. 在坯料上抹上沙拉酱。
7. 将用于春笋盖面的片进行刀工处理。
8. 处理春笋的表面盖片。
9. 完成两只春笋的制作。
10. 完成拼摆修饰，在作品表面刷上橄榄油即成。

要领分析

1. 在"春华"的主题体现时，用春笋为题材，兼顾春季的原材料，时令突出。

2. 装盘时要注意色彩的搭配和留白。

技术拓展

1. 主题的体现，可以从食材和时令性较强的题材方面进行变化。

2. 在味型的选择上，可以根据进餐者的喜好，调制相应的味型。

相关链接　春季各客拼盘

夏情

Xiaqing

🍽 适用范围

1. 作为冷菜菜品。
2. 主题宴会各客、竞赛冷拼等。

🍃 作品描述与设计思路

以大根、莴笋和萝卜等原料制作的"夏情"，时令鲜明、造型美观、食用性强。

在设计思路方面，该菜品的选择，主要是为了训练各客冷拼的制作技法。作品的完成，需要制作者具备相关的理论知识。通过任务的完成，还能够帮助制作者训练理实一体化作品的呈现能力。

✖ 制作工艺

1. 准备原料：大根、莴笋和萝卜等。
2. 将原料切丝、调味待用。
3. 将大根装入模具压紧。
4. 在中层填入白萝卜丝。
5. 在顶层填入莴笋丝后取出模具。
6. 主体完成。
7. 放上配菜，用酱汁画出线条。
8. 配上鸭舌和柠檬即完成。

✖ 要领分析

1. 在"夏情"的主题体现时，用时令蔬菜为原材料，清淡的口味配上柠檬。符合夏季的食疗养生原则。
2. 装盘时要注意高低和主次的变化。

♨ 技术拓展

1. 主题的体现，可以从食材和时令性较强的题材方面进行变化。

2. 在味型的选择上，可以根据进餐者的喜好，调制相应的味型。

相关链接　夏季各客冷盘

秋硕
Qiushuo

适用范围

1. 作为冷菜菜品。
2. 主题宴会各客、竞赛冷拼等。

作品描述与设计思路

以菠萝鱼卷、南乳墨鱼、酱鸭舌、黄瓜、白蛋糕和紫薯等原料制作的"秋硕"，时令鲜明、造型美观、食用性强。

在设计思路方面，该菜品的选择，主要是为了训练各客冷拼的制作技法。作品的完成，需要制作者具备相关的备料技巧和理论知识。通过任务的完成，还能够帮助制作者训练理实一体作品的呈现能力。

制作工艺

1. 用酱香桂花汁在盘底画出流畅的线条。
2. 将紫薯泥置于中心。
3. 将黄瓜修整后放入盘中。
4. 用模具将白蛋糕压出形状。
5. 将压好的白蛋糕装入盘中并定位。
6. 将南乳墨鱼放入黄瓜中。
7. 调整好南乳墨鱼位置。
8. 将菠萝鱼卷装入白蛋糕中。

9. 配上鸭舌和装饰红椒。

要领分析

1. 在"秋硕"的主题体现时，应该用原料和口味体现。桂花和硕果是体现秋天的元素。

2. 装盘时考虑中央优先的原则，菜品配以味汁的搭配形式对于冷拼各客比较适合。

技术拓展

1. 主题的体现，可以从食材方面进行变化。

2. 在味型的选择上，可以根据进餐者的喜好，配以相宜的味汁。

相关链接 秋季各客冷拼

冬趣
Dongqu

适用范围

1. 作为冷菜菜品。
2. 主题宴会各客、竞赛冷拼等。

作品描述与设计思路

以鲈鱼、牛肉、萝卜、紫薯等原料制作的"冬趣"，时令鲜明、色泽诱人、食用性强。

在设计思路方面，该菜品的选择，主要是为了训练各客冷拼的制作技法。作品的完成，需要制作者具备相关的备料技巧和理论知识。通过任务的完成，还能够帮助制作者训练理实一体化作品的呈现能力。

制作工艺

1. 备好相关原料。
2. 将泡萝卜置于圆盘中心。
3. 配上带汁的鲈鱼块。

相关链接　冬季各客冷拼

4. 将卤牛肉切丁装盘。
5. 将小胡萝卜和紫薯装盘，用清洁的胡萝卜叶装饰即成。

要领分析

1. 在"冬趣"的主题体现时，应该用冬季原料，口味方面可遵循"冬多咸"的原则。
2. 装盘时要考虑主次和色彩的搭配。

技术拓展

1. 可以根据进餐者的喜好，从食材方面进行提升。
2. 从装盘的形式方面进行改变。

四季为养生
Siji wei yangsheng

适用范围

1. 主题冷拼。
2. 大型工艺拼盘、竞赛花色冷拼等。

作品描述与设计思路

以三文鱼卷、鹅肝糕、牛肉、萝卜等众多原料制作的作品"四季为养生"，主题鲜明、构图美观、用料丰富、可食性强。

作品遵循我国传统的食疗养生理念设计，《史记·太史公自序》："夫春生夏长，秋收冬藏，此天道之大经也。弗顺则无以为天下纲纪。"

制作工艺

准备"四季为养生"的说明、盛器和食材。

春天是万物往上升的时候，夏天是万物开始生长的时候，到了秋天万物开始收获，冬天是万物开始躲藏的时候。这就构成了自然界一切事物春生、夏长、秋收、冬藏的规律。

在口味的选择上，根据《周礼·食医》："凡和，春多酸，夏多苦，秋多辛，冬多咸，调以滑甘"。作品进行了提炼加工，从烹饪的角度进行了诠释。"春生"侧重于酸味的呈现；"夏长"侧重于苦味的呈现；"秋收"侧重于辣味的呈现；"冬藏"则侧重于咸味的厚重。作品将传统饮食保健知识与味道进行了巧妙的融合，兼具食疗性与艺术性。

春季：春生

1. 准备好相关原料。
2. 对三文鱼卷所需要的材料进行加工。
3. 用蛋皮包制三文鱼卷。
4. 将鱼卷切成段待用。
5. 在盘中刷出味汁。
6. 将三文鱼卷排放在味汁旁边。

7. 将小黄瓜切片排叠整齐。
8. 将片修整后用胡萝卜镶边。

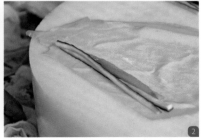

9. 将春笋切段后竖放于黄瓜片上面。

10. 将柠檬角进行雕刻。

11. 调制好柠檬味汁。

12. 将味汁置于春笋旁边。

13. 将马兰头切成末后调味。

14. 用模具帮助成形。

15. 准备好题字的模板。

16. 在模板上撒上可可粉。

17. 去除模板。

18. 题字后作品"春生"完成。

夏季：夏长

1. 准备好各种原料。
2. 调制好柚子酱汁。
3. 将心里美萝卜刻出凹槽后切厚片。
4. 组合成架子。
5. 相同的方法完成第三层。
6. 放入修整后的鸭舌。

7. 将苦瓜切片后排叠。

8. 将鹅肝糕切厚块。

9. 将苦瓜和鹅肝糕装入盘中。

10. 旁边配上沙拉酱。

11. 用铜钱草装饰。

12. 题字完成后的"夏长"。

秋季：秋收

1. 准备好各种原料。

2. 将酱牛肉切成丁。

3. 用蒜泥味搭配。

4. 以少许迷迭香装饰。

5. 用黑醋汁画盘。

6. 哈密瓜成形。

7. 将大根切丝。

8. 将菠萝鱼卷装盘。

9. 将哈密瓜制成的盛器放入盘中。

10. 将大根丝装入哈密瓜制成的盛器中。

11. 用新鲜薄荷和蒜薹进行装饰。

12. 放上黑橄榄。

13. 题字完成后的"秋收"。

冬季：冬藏

1. 准备好南乳和墨鱼仔。
2. 用南乳调味，小火煨制墨鱼仔。

3. 制成南乳墨鱼备用。

4. 准备好相关原料。

5. 将泡萝卜切条后装入盛器中。

6. 将黄瓜切成高度不同的段。

7. 将黄瓜去皮去籽。

8. 将南乳墨鱼放于黄瓜盛器中。

9. 装盘定位。

10. 将鲈鱼切块。

11. 将鲈鱼块放入盘中，浇上味汁。

12. 挑选典型食材，作为品尝碟。

要领分析

1. 在呈现主题效果时，"四季为养生"可以从多方面考虑，如装饰背景和底托以及时令食材。在作品的整体布局时，应该注意作品之间的差异性呈现，如成品图所示，四部分按顺序呈现，用底架协助呈现出落差，以帮助作品利于观察。

2. 在细节处理时，要注意立体感和层次的表达，如下图秋收的细节处理。

技术拓展

1. 在作品的主题体现上，可以根据主题情景的选用相应的元素，如图"春生"的变化作品所示。

2. 根据各种情景和用餐者的情况，在形式、食材和味型方面对作品进行灵活变化。

■ "四季为养生"成品图　　　■ 秋收的细节处理　　　■ 春生的变化作品

 第四节　果品花卉类冷拼实训

福寿双全
Fushou shuangquan

适用范围

1. 福寿宴花色冷拼。
2. 主题大型工艺拼盘、竞赛冷拼等。

作品描述与设计思路

以心里美萝卜、大根、鱼蓉卷、青萝卜、花虎虾、巧克力糕等原料制作的"福寿双全"，主题鲜明、搭配丰富、用料多样、构图完整。

在主题的选择上，取寿桃寓意"长寿"，以佛手寓意"多福"。二者在我国的传统文化中都是吉祥物，二者同时呈现，即为"福寿双全"。寿桃和佛手在作品中作为主体，做到了主题鲜明。配以山、文字、蝙蝠（福）、小草等，衬托主题，使作品更具美感。

制作工艺

1. 准备好各种原料。
2. 将红肠、鱼蓉卷、白蛋糕刀工处理后装盘拼摆。
3. 将鸡蛋干、绿色鱼卷和心里美萝卜拼摆成山峰状。
4. 将巧克力糕雕刻成树枝状，拼摆定位。
5. 用土豆泥制坯、心里美萝卜贴片，拼摆出寿桃。
6. 将青萝卜切片相叠，修成寿桃的叶形。
7. 对叶形作相应调整。
8. 寿桃拼摆完成。
9. 大根切片后将两端修薄。
10. 拼摆出佛手的形状。
11. 将接口处的缝隙覆盖。
12. 完成佛手叶子的修整和拼摆。
13. 佛手拼摆完成。
14. 放上雕刻成形的蝙蝠。
15. 摆上题字即可。

要领分析

1. 作品在整体构图布局时，应该注意疏和密的节奏变化。
2. 在细节处理过程中，寿桃和佛手的成形，可以用沙拉酱作为黏合剂。

技术拓展

1. 在原料的选择上，可以根据主题或情景的变化选用相应的原料。
2. 在造型的视觉体现方面，可以通过构图形式的变化和色彩的对比进行改进。

以李报桃
Yili baotao

适用范围

1. 感恩宴会拼盘。
2. 主题大型工艺拼盘、竞赛花色冷拼等。

作品描述与设计思路

以心里美萝卜、鱼蓉卷、青萝卜、巧克力糕等原料制作的"以李报桃"，主题突出、搭配丰富、用料多样、构图美观。

《诗经·大雅·抑》有"投我以桃，报之以李"之句，比喻相互赠答，礼尚往来。在主题的选择上，作品中的桃李作为主体，配以山、文字、藤蔓、绿叶等，衬托主题，使得作品更具美感。

作品以对角构图的形式给人以对称而稳重的感觉，用藤蔓将桃和李二者自然连接，线条流畅美观。

制作工艺

1. 准备好各种原料。
2. 用鸡蛋干拼摆山峰。
3. 将胡萝卜切片排片。
4. 山石拼摆完成。
5. 摆入树枝定位。
6. 用土豆泥制坯。
7. 用心里美萝卜贴片。
8. 完成对底坯的覆盖。
9. 相同的方法完成另一个桃子的拼摆。
10. 用同样的方法拼摆李子。
11. 放入藤蔓。
12. 主体拼摆完成。
13. 摆上题字，作品完成。

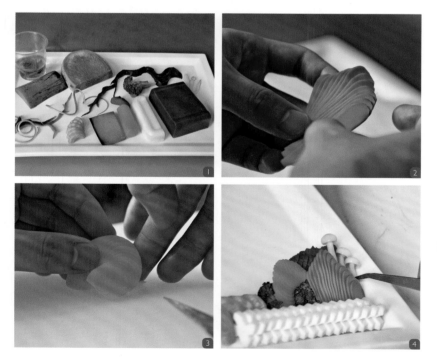

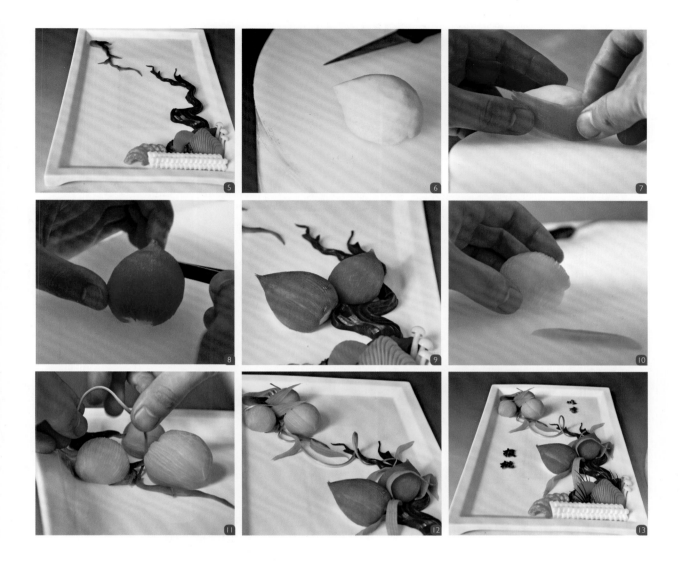

要领分析

1. 作品在主题体现时，应该遵循典故。
2. 在呈现主体时，桃李采用排片造型，既要兼顾立体造型又要注重冷拼细节。

技术拓展

1. 在主题的体现上，可以根据主题情景的变化选用相应的元素。
2. 在造型的视觉体现方面，可以通过构图形式的变化和色彩的对比进行改进。

百年好合

Bainian haohe

🍽️ 适用范围

1. 婚庆类主题拼盘。
2. 主题大型工艺拼盘、竞赛花色冷拼等。

🌿 作品描述与设计思路

以白蛋糕、土豆泥、鱼蓉卷、青萝卜、花虎虾、红肠等原料制作的"百年好合"，主题突出、搭配丰富、用料多样、动静结合。

在主题的选择上，取百合花意寓"百合"。百合花在我国的传统文化中是吉祥物，意为"百年好合"。作品中的百合花作为主体，配以重山、文字、蟋蟀、小草等，衬托主题，使得作品更具美感。

✖️ 制作工艺

1. 用青萝卜雕刻成蟋蟀。
2. 用瓜皮雕刻成题字。
3. 将白蛋糕修坯，作为拼制百合花的准备。
4. 用土豆泥制坯。
5. 准备好各种原料。
6. 将红肠、花虎虾处理后装盘拼摆。
7. 将百合花坯拼摆定位。
8. 将鱼卷等原料拼摆成山峰状，空隙处填入小蘑菇。

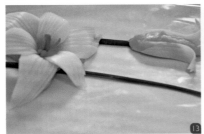

9. 配上西蓝花和小草。

10. 将蒜薹对剖。

11. 将白蛋糕贴片，拼摆出百合花。

12. 装上花蕊。

13. 另一朵半开的百合花，也用沙拉酱粘贴花瓣。

14. 完成百合花瓣的拼摆。

15. 装上花托。

16. 用青萝卜完成叶子的制作并拼摆。

17. 装上题字。

18. 空白处放上雕好的蟋蟀即成。

要领分析

1. 作品在整体布局时，应该注意主次的对比。

2. 在呈现主体时，百合花选择开放、半开放、花骨朵三种不同形态，造型应注重变化。

技术拓展

1. 在主题的体现上，可以根据主题情景的变化选用相应的元素。

2. 在造型的视觉体现方面，可以通过构图形式的变化和色彩的对比进行改进。

花开富贵

Huakai fugui

适用范围

1. 商务宴会拼盘。
2. 主题大型工艺拼盘、竞赛花色冷拼等。

作品描述与设计思路

　　以白蛋糕、紫薯泥、鱼蓉卷、青萝卜、巧克力糕、小黄瓜等原料制作的"花开富贵"，主题突出、搭配丰富、用料多样、动静结合。

　　在主题的选择上，牡丹花在我国的传统文化中是吉祥物，意为"富贵"，因此取牡丹花意寓"富贵"。作品中的牡丹花作为主体，配以重山、文字、蝴蝶、小草等，衬托主题，使得作品更具美感。

制作工艺

1. 准备好各种原料。
2. 用巧克力糕雕刻成树枝状，胡萝卜雕刻成蝴蝶。
3. 将白蛋糕修坯，作为拼制牡丹花的准备。
4. 用土豆泥和紫薯泥制坯。
5. 将鱼卷等原料拼摆成山峰状。
6. 完成山峰拼摆。

7. 修整形状以突出立体感。

8. 摆入树枝。

9. 将鸡蛋干切片叠排。

10. 将小黄瓜作同样处理。

11. 将坯摆入盘中进行构图定位。

12. 白蛋糕切片后排成花瓣的形状。

13. 用沙拉酱粘贴第一个花瓣。

14. 完成第一层牡丹花瓣的拼摆。

15. 装上花芯完成第一朵花的制作。

16. 用小黄瓜完成叶子的制作并拼摆。

17. 牡丹花的拼摆完成。

18. 修正花的位置。

19. 在牡丹花旁边的空白处摆入蝴蝶和字。

20. 刷少量橄榄油增亮。

21. 作品完成。

要领分析

1. 作品在整体布局时，应该注意主题的突出。

2. 在呈现主体时，牡丹花采用排片造型，既要兼顾立体造型又要注重冷拼细节。

 **技术拓展**

1. 在主题的体现上，可以根据主题情景的变化选用相应的元素。

2. 在造型的视觉体现方面，可以通过构图形式的变化和色彩的对比进行改进。

寸草春晖
Cuncao chunhui

适用范围

1. 感恩（长辈亲人）宴会拼盘。
2. 主题大型工艺拼盘、竞赛花色冷拼等。

作品描述与设计思路

　　以白蛋糕、鱼蓉卷、红肠、巧克力糕、西芹等原料制作的"寸草春晖"，主题突出、搭配丰富、用料多样、构图清爽。

　　"寸草春晖"在主题的体现上，选择了兰草和红日作为点题的因子。作品中的兰花作为主体，配以叶子、云彩等，衬托主题，使得作品具有动与静的和谐美。

制作工艺

1. 准备好各种原料。
2. 用红肠摆成山峰的形状。
3. 用相似的手法拼摆其他山峰。
4. 完成主体食用部位的拼摆。
5. 青萝卜用拉刀切片。
6. 对叶子和花枝进行拼摆。
7. 将花托抹上调味酱汁。

8. 装上花瓣。
9. 组装成兰花。
10. 兰花放置前的准备。
11. 摆上兰花后作适当调整。
12. 修饰刷油增亮。
13. 在盘子的右上角放上装饰配件即可。

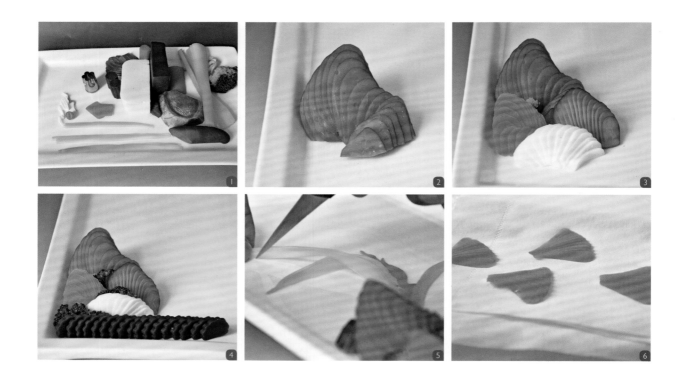

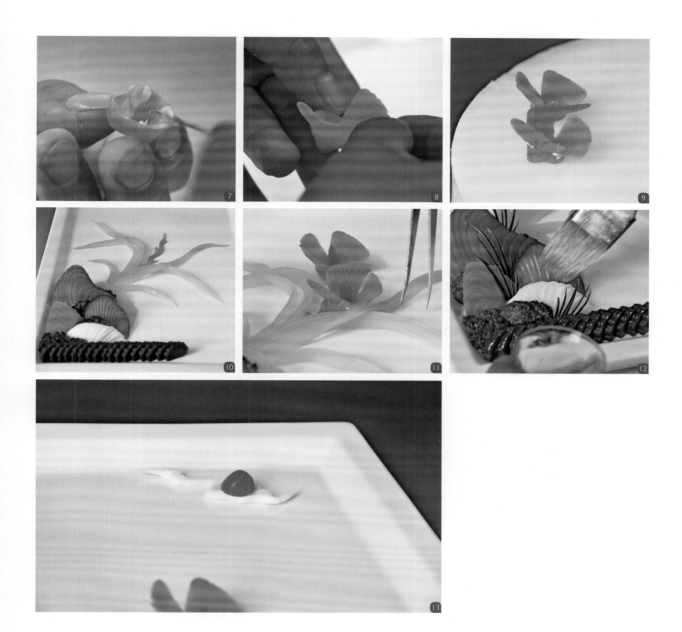

要领分析

1. 作品在布局时，应该注意突出整棵兰花的位置。

2. 各部分在呈现时，相关元素应该出现在合理的地方，应遵循自然规律。

技术拓展

1. 在主题设计时，可以根据主题情景的变化选用相应的元素。

2. 在味型的体现方面，可以通过食材和味汁的变化进行改进。

孔雀迎宾

Kongque yingbin

适用范围

1. 商务宴会类主题拼盘。

2. 主题大型工艺拼盘、竞赛花色冷拼等。

作品描述与设计思路

以白蛋糕、土豆泥、鱼蓉卷、青萝卜、花虎虾、萝卜等原料制作的"孔雀迎宾"，主题突出、色彩绚丽、用料丰富、形态逼真。

在主题的选择上，取孔雀意寓"孔雀迎宾"。孔雀在我国的传统文化中是吉祥物，常寓意为"迎宾"。作品中的孔雀作为主体，配以山石、文字、小草等，衬托主题，使得作品更具美感。

制作工艺

1. 用胡萝卜雕刻出孔雀头部。

2. 用胡萝卜雕刻出孔雀的脚爪。

3. 用三种萝卜雕刻出孔雀尾毛的大形。

4. 将尾毛大形切片后，穿上牙签，放入矿泉水浸泡。

5. 准备好各种原料。

6. 用土豆泥制坯。

7. 将孔雀尾毛坯逐层拼摆。

8. 尾毛拼摆完成。

9. 从尾部开始贴上绒毛。

10. 鱼卷切片后贴摆出翅膀的形状。

11. 完成另一只翅膀的拼摆。

12. 用食材拼摆出山石。

13. 放入西蓝花和花虎虾。

14. 将白蛋糕雕刻出纹路。

15. 完成底部的拼摆。

16. 放上孔雀脚爪即成。

要领分析

1. 作品在整体布局时，应该注意颜色的对比。

2. 在细节处理时，孔雀尾毛宜用矿泉水浸泡，以达到舒展多变的效果。

技术拓展

1. 在食材的选择方面，可以根据主题情景的变化选用相应的元素。

2. 在造型的视觉体现方面，可以通过构图形式的变化进行改进。

鲤鱼跃龙门
Liyu yue longmen

适用范围

1. 竞赛花色冷拼。
2. 大型主题工艺拼盘等。

作品描述与设计思路

以巧克力糕、白蛋糕、抹茶糕、鱼蓉卷等原料制作的作品"鲤鱼跃龙门"，主题鲜明、构图美观。

在主题的选择上，作品中的鲤鱼和龙门，不禁让人想到了中华传统文化典故——鲤鱼跃龙门。鲤鱼跃过龙门之后就变成了龙，人们常以此来比喻或者祝愿他人身份、地位的改变或高升，多用于学生的升学。鲤鱼在作品中作为主体，做到了主题鲜明。配以龙门、文字、浪花等，衬托主题，使得作品和谐统一。

制作工艺

1. 准备原料：巧克力糕、白蛋糕、鱼蓉卷、白萝卜、鸭舌、红肠等原料；雕刻好各部位。
2. 将土豆泥制坯，从尾部开始贴片。
3. 用鱼卷做成鳞片。
4. 将鱼鳞逐层贴上，相邻两层需要交错。
5. 装上鱼头。
6. 用主刀帮助移动鲤鱼的位置。

7. 摆入盘中，调整好鲤鱼的位置。

8. 拼摆好食用的主体部位。

9. 摆入浪花和题字，放入另一条鱼即可。

要领分析

1. 作品在整体布局时，应该注意突出鲤鱼的主体地位，将龙门作为第二亮点进行体现。

2. 在鲤鱼头部和身体进行组装时，头部与身体结合的部分应该掏空，身体则留出相应的位置。

技术拓展

1. 在作品的造型设计时，可以根据具体情景（如盛器的形状），改变构图形式。

2. 在色彩和味型的体现方面，可以通过食材的变化进行改进。

相关链接 鲤鱼跃龙门的其他构图形式

一路连科
Yilu lianke

一鹭连科

适用范围

1. 升学宴会拼盘。
2. 主题大型工艺拼盘、竞赛花色冷拼等。

作品描述与设计思路

以白蛋糕、鱼蓉卷、青萝卜、巧克力糕、小黄瓜等原料制作的"一路连科"，主题突出、搭配丰富、用料多样、动静结合。

在主题的选择上，"一路连科"的"路"谐音白鹭的"鹭"。作品中的白鹭作为主体，配以荷叶、荷花等衬托主题，使得作品具有动与静的和谐美。

制作工艺

1. 准备好各种原料。
2. 拼摆山峰完成。
3. 制作荷花的花骨朵儿。
4. 用青萝卜叠片做花托。
5. 青萝卜用拉刀切片。
6. 将片排成扇形。
7. 将扇面压在底坯上。
8. 在底部垫上土豆泥。
9. 继续用扇面拼接荷叶。
10. 将小黄瓜切段辅助成形。
11. 覆盖上叶托。
12. 白蛋糕切片后排成花瓣的形状。

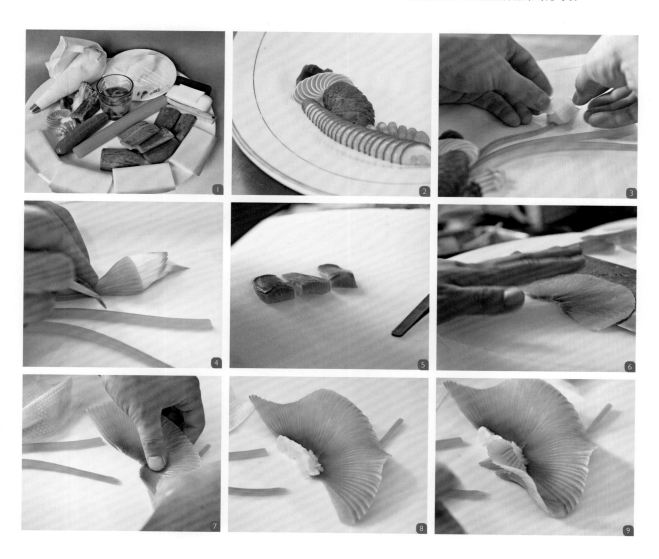

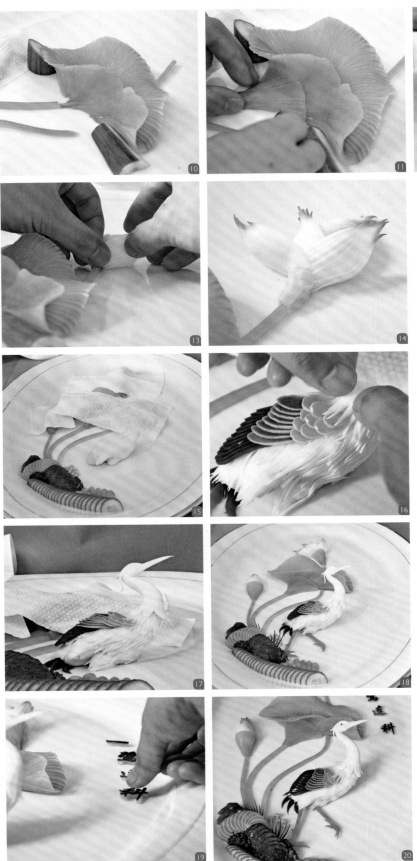

13. 用沙拉酱粘贴第一个花瓣。

14. 完成荷花的拼摆。

15. 将土豆泥制坯，作为拼制白鹭的准备。

16. 贴上羽毛。

17. 装上白鹭的头部。

18. 主体完成。

19. 在白鹭旁边的空白处摆入字。

20. 刷少量橄榄油增亮，作品完成。

要领分析

1. 作品在整体布局时，应该注意突出白鹭的主体地位。

2. 各部分在呈现时，相关元素应该出现在合理的地方，应遵循自然规律。

技术拓展

1. 在设计主题时，可以根据主题情景的变化选用相应的元素。

2. 在味型的体现方面，可以通过食材和味汁的变化进行改进。

一帆风顺
Yifan fengshun

适用范围

1. 商务宴（饯行、祝愿等）主题拼盘。
2. 主题大型工艺拼盘、竞赛花色冷拼等。

作品描述与设计思路

以黄蛋糕、白蛋糕、鱼蓉卷、糖醋萝卜等原料制作的作品"一帆风顺"，主题鲜明、造型别致。

在主题的选择上，帆船寓意一帆风顺，在作品中作为主体，做到了主次分明。配以浪花、旭日、海鸥、山石等，突出主题外，还使得作品动静结合，更具灵气。作品表达了对顾客事业和生活的美好祝愿。

制作工艺

1. 准备原料：黄蛋糕、白蛋糕、蓝莓糕、鱼蓉卷、白萝卜、基围虾、小黄瓜等。

2. 将白萝卜切雕成帆船的形状，共计 13 块。

3. 将白萝卜放入糖醋汁中腌制 8 小时。

4. 将腌制好的萝卜块抹上一层沙拉酱进一步调味。

5. 将鸡蛋干切片，排列于墩面，用雕刻刀取帆船的侧面形状。

6. 将片状蛋干贴于帆船的船沿上。

7. 用同样的方法处理好另一艘船的刀面。备好桅杆。

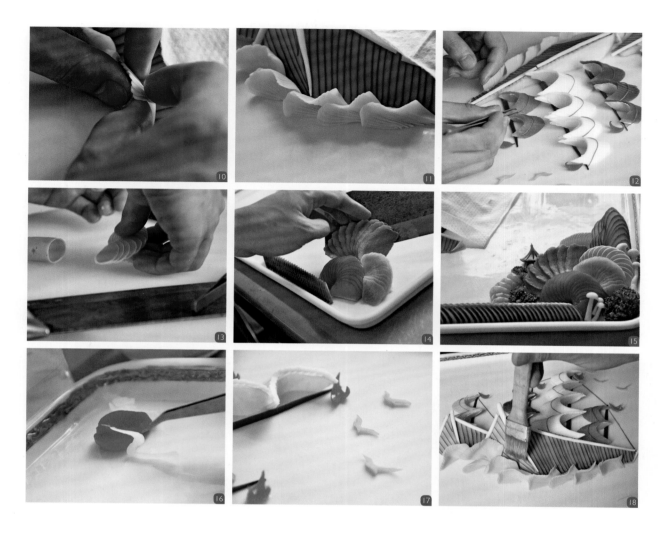

8. 用白蛋糕切片，制作好帆上的刀面。

9. 用同样的方法完成其他刀面的制作，并拼制成帆船的形状。

10. 将蓝莓糕切片，排列出浪花的形状。

11. 将浪花贴于船底。

12. 用黄瓜丝制作帆上的绳子。

13. 鱼卷切片，整齐排列，为拼制底部的山石部分做准备。

14. 将刀工处理的原料拼制成底部山石作为食用部分。

15. 完成底部的拼制，注意对主体帆船的保鲜。

16. 在左上角放上由红椒制作的红日和奶油糕制作的云彩。

17. 调整好旗子和海鸥的位置。

18. 为作品刷油，增加光泽。

要领分析

1. 作品在整体布局时，应该注意帆船的透视体现。

2. 在细节处理时，风帆等部位通过雕刻、贴片、组装的方式体现，效果较好。

技术拓展

1. 在主题的体现上，可以根据主题情景的变化选用相应的元素。

2. 在造型的视觉体现方面，可以通过构图形式的变化和色彩的对比进行改进。

塞上寄情思
Saishang ji qingsi

🍽 适用范围

1. 竞赛花色冷拼。
2. 大型主题工艺拼盘等。

🌿 作品描述与设计思路

以巧克力糕、白蛋糕、鱼蓉卷等原料制作的作品"塞上寄情思",主题鲜明、构图美观。

在主题的选择上,作品中的琵琶和万重山,不禁让人想到了中华传统文化典故——昭君出塞。昭君远嫁匈奴,以琵琶寄托思乡之情,体现了昭君的爱国行为,有一定寓意。琵琶在作品中作为主体,做到了主题鲜明。配以万重山、文字、空格、花草等,衬托主题,使得作品更具美感。

✖ 制作工艺

1. 准备原料:巧克力糕、白蛋糕、鱼蓉卷、白萝卜、基围虾、小黄瓜等。
2. 将蒜薹、胡萝卜入沸水锅中煮至断生捞出备用。

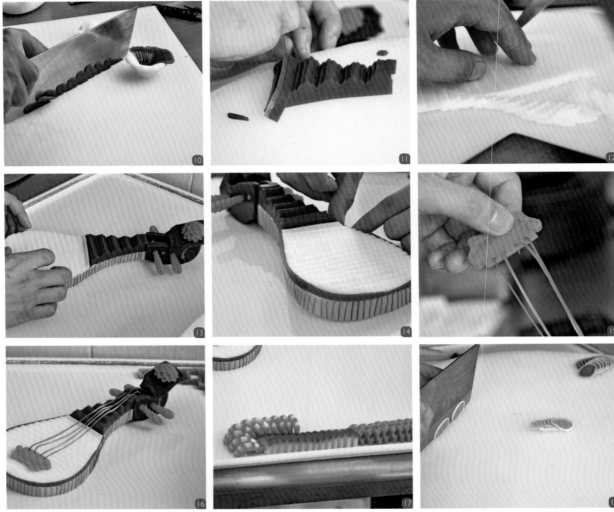

3. 用瓜皮雕刻出"塞、上、情、思"4 个字。

4. 准备白醋和砂糖，并按 1 ∶ 1 的比例调制好糖醋汁。

5. 将刻好的字和相关装饰物放入糖醋汁中腌制。

6. 用胡萝卜雕刻出琵琶的部件。

7. 将雕刻好的部件放在盘子内拼装，定好最佳位置。

8. 将小黄瓜切片，排列于墩面，用雕刻刀划出琵琶的侧面形状。

9. 用沙拉酱粘贴，将黄瓜片贴整齐。

10. 将巧克力糕切片并排列整齐。

11. 排片修整，保持片距均匀，注意体现琵琶的质感。

12. 用白蛋糕片摆出琵琶的大形，并用和底坯相符的模板修出准确的形状。

13. 调整好琵琶的刀面。

14. 用巧克力糕切片后，贴出木质边缘。

15. 用小黄瓜丝穿拉成弦。

16. 调整好弦的位置。

17. 用基围虾、红肠等摆出食用部位的右下边缘。

18. 鱼卷切片，摆出山峰的形状。

19. 用同样的方法，将各种食用原料拼摆成群山的造型。

20. 将蒜薹进行适当雕刻，拉出线条；用瓜皮雕刻的小草遮挡空白部位。

21. 调整好上、中、下3部分的连接线条。

22. 拼摆出窗格下面的小花。

23. 放置好体现主题的文字。

24. 用果酱书写文字说明、画出印章。

25. 做好细节的修饰。

要领分析

1. 作品在整体布局时，应该注意突出琵琶的主体地位。

2. 在呈现各部分时，各部分应该与主题和主体保持一致。相关元素应出现在合理的地方，应遵循自然规律。

技术拓展

1. 在主题的体现方面，可以根据主题情景的变化选用相应的元素。

2. 在味型的体现方面，可以通过食材和味型的变化进行改进。

相关链接　塞上寄情思的另一种呈现形式

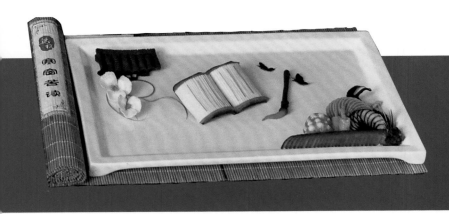

梁祝四情景
Liangzhu siqingjing

🍽 **适用范围**

1. 主题冷拼。
2. 大型工艺拼盘、竞赛花色冷拼等。

🌿 **作品描述与设计思路**

以巧克力糕、白蛋糕、鱼蓉卷、青萝卜、花虎虾、红肠等众多原料制作的作品"梁祝四情景"，主题鲜明、构图美观、用料丰富、艺术性强，此作品曾多次被模仿。

《梁山伯与祝英台》是我国民间四大爱情故事之一，是中国最具魅力的口头传承艺术及国家级非物质文化遗产之一，也是在世界上具有广泛影响力的中国民间传说之一。自西晋始，在民间流传已有一千七百多年，可谓家喻户晓，流传深远，被誉为爱情的千古绝唱。从古到今，有无数人被梁山伯与祝英台的凄美爱情所感动。

作品对《梁山伯与祝英台》的典型情景进行了提炼加工，从烹饪的角度进行诠释。四情景依次为：情景1："寒窗苦读"；情景2："义结金兰"；情景3："十八相送"；情景4："化蝶相守"。四情景对应四个作品，作品以情景命名，四个作品分则相互独立，合则构成体系。作品兼具食用性与艺术性，将传统典故与创新冷拼进行了巧妙的融合。

✖ **制作工艺**

准备梁祝四情景的装饰物、盛器和食材。

情景 1：寒窗苦读

1. 准备好各种原料。

2. 用巧克力糕雕刻成屋檐和窗格，蒜薹雕刻成藤蔓状后拼摆。

3. 将白蛋糕拼制成窗前的小花。

4. 在右下角拼摆出山峰的形状。

5. 将蛋干雕刻成书的封面形状后拼摆定位。

6. 将白蛋糕切片后排开。

7. 去边角，修整齐。

8. 将片贴在书的封面上。

9. 用相同的方法完成书另一半的拼摆。

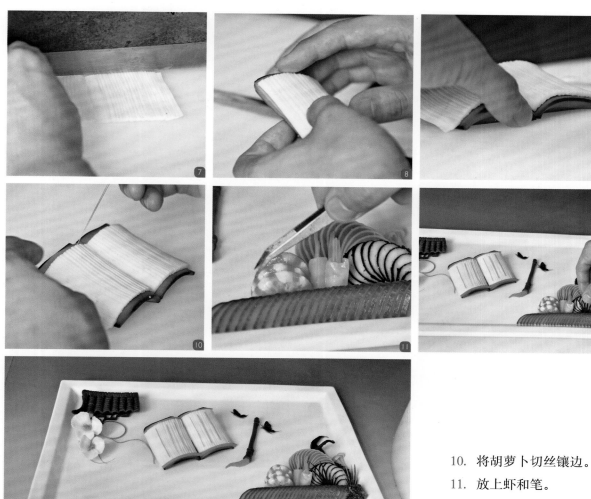

10. 将胡萝卜切丝镶边。

11. 放上虾和笔。

12. 放入蝴蝶并做适当调整。

13. 寒窗苦读完成。

情景 2：义结金兰

1. 准备好各种原料。

2. 用胡萝卜和白蛋糕在盘子的左下角拼摆出栅栏。

3. 放入烹制好的鲈鱼块。

4. 将鱼卷切片后叠放整齐。

5. 拼摆出山峰的形状。

6. 将萝卜卷斜切后摆入盘中。

7. 拼摆出兰花的形状。

8. 拼摆出兰花的花瓣。

9. 完成兰花的拼摆。

10. 将兰花摆在枝头上。

11. 用相同的方法完成另一朵的拼摆。

12. 调整后的"义结金兰"。

13. 放入蝴蝶即可完成。

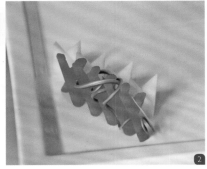

情景 3：十八相送

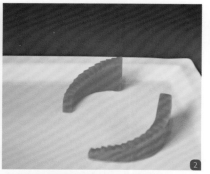

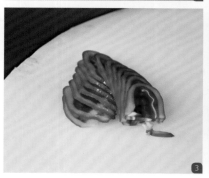

1. 准备好各种原料。

2. 将金瓜雕刻成块状。

3. 将猪耳卷切片摆成山峰的形状。

4. 以金瓜垫底拼摆出山峰的形状。

5. 用相同的方法完成黄瓜和鱼卷的拼摆。

6. 放入宝塔。

7. 进一步拼摆成山石的风景画面。

8. 将哈密瓜切雕成拱桥的大形。

9. 将鸡蛋干切片摆叠整齐。

10. 将片放入拱桥的底坯上，拼摆出桥面。

11. 放上冬瓜做成的护栏。

12. 将白蛋糕雕刻成云彩，车厘子切一半放于盘子左上角。

13. 摆上细丝作为水纹。

14. 放入蝴蝶并作适当调整即完成。

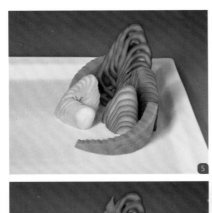

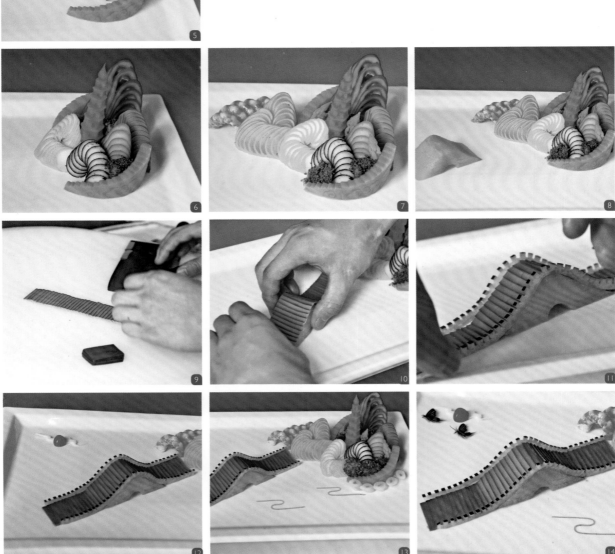

情景4：化蝶相守

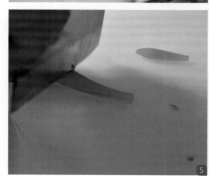

1. 准备好各种原料。

2. 用巧克力粉做成云彩状，土豆泥做成叶子的坯。

3. 将小黄瓜切片排列整齐。

4. 拼摆出叶子的形状。

5. 将莴笋雕刻成丝瓜的形状，剞切蓑衣花刀。

6. 将丝瓜拼摆在叶子下面，配上藤蔓。

7. 将鱼蓉卷切片摆出蝴蝶的翅膀形状。

8. 进一步摆出蝴蝶的大形。

9. 将蝴蝶摆入盘中，置于云彩的上方。

10. 配上身体和尾部。

11. 用相同的方法完成另一只蝴蝶的拼摆。

12. 作适当调整，右下角用西芹片隔开。

13. 放入菠萝鱼卷即成"化蝶相守"。

要领分析

1. 作品在整体布局时，应该注意作品之间的整体协调性和互补性。

2. 在呈现主题时，"梁祝四情景"需要用众多元素来体现，如蝴蝶、寒窗、书、兰花、山石、长桥等，应尽可能做到"形散神聚"。

技术拓展

1. 在主题的体现上，可以根据主题情景选用相应的元素，或者在食材方面进行变化。

2. 在造型的视觉体现方面，可以通过构图形式的变化和色彩的对比进行改进。

糖 艺 作 品

面 塑 作 品

果蔬雕作品

泡沫雕塑作品